U0321702

优秀技术工人
百工百法丛书

# 唐希明
# 工作法

## 沙漠造林器的
## 技术与应用

中华全国总工会 组织编写

唐希明 著

中国工人出版社

技术工人队伍是支撑中国制造、中国创造的重要力量。我国工人阶级和广大劳动群众要大力弘扬劳模精神、劳动精神、工匠精神，适应当今世界科技革命和产业变革的需要，勤学苦练、深入钻研，勇于创新、敢为人先，不断提高技术技能水平，为推动高质量发展、实施制造强国战略、全面建设社会主义现代化国家贡献智慧和力量。

　　　　　　　　——习近平致首届大国工匠
　　　　　　　　创新交流大会的贺信

# 优秀技术工人百工百法丛书
# 编委会

编委会主任：徐留平

编委会副主任：马　璐　潘　健

编委会成员：陈伶浪　程先东　王　铎

康华平　高　洁　李庆忠

蔡毅德　李睿祎　秦少相

刘小昶　李忠运　董　宽

# 序

党的二十大擘画了全面建设社会主义现代化国家、全面推进中华民族伟大复兴的宏伟蓝图。要把宏伟蓝图变成美好现实，根本上要靠包括工人阶级在内的全体人民的劳动、创造、奉献，高质量发展更离不开一支高素质的技术工人队伍。

党中央高度重视弘扬工匠精神和培养大国工匠。习近平总书记专门致信祝贺首届大国工匠创新交流大会，特别强调"技术工人队伍是支撑中国制造、中国创造的重要力量"，要求工人阶级和广大劳动群众要"适应当今世界科技革命和产业变革的需要，勤学苦练、深入钻研，勇于创新、敢为人先，不断提高技术技能水平"。这些亲切关怀和殷殷厚望，激励鼓舞着亿万职工群众弘扬劳模精神、劳动精神、工匠精神，奋进新征程、建功新时代。

近年来，全国各级工会认真学习贯彻习近平总书记关于工人阶级和工会工作的重要论述，特别是关于产业工人队伍建设改革的重要指示和致首届大国工匠创新交流大会贺信的精神，进一步加大工匠技能人才的培养选树力度，叫响做实大国工匠品牌，不断提高广大职工的技术技能水平。以大国工匠为代表的一大批杰出技术工人，聚焦重大战略、重大工程、重大项目、重点产业，通过生产实践和技术创新活动，总结出先进的技能技法，产生了巨大的经济效益和社会效益。

深化群众性技术创新活动，开展先进操作

法总结、命名和推广，是《新时期产业工人队伍建设改革方案》的主要举措。为落实全国总工会党组书记处的指示和要求，中国工人出版社和各全国产业工会、地方工会合作，精心推出"优秀技术工人百工百法丛书"，在全国范围内总结 100 种以工匠命名的解决生产一线现场问题的先进工作法，同时运用现代信息技术手段，同步生产视频课程、线上题库、工匠专区、元宇宙工匠创新工作室等数字知识产品。这是尊重技术工人首创精神的重要体现，是工会提高职工技能素质和创新能力的有力做法，必将带动各级工会先进操作法总结、命名和推广工作形成热潮。

此次入选"优秀技术工人百工百法丛书"作者群体的工匠人才，都是全国各行各业的杰出技术工人代表。他们总结自己的技能、技法和创新方法，著书立说、宣传推广，能让更多人看到技术工人创造的经济社会价值，带动更多产业工人积极提高自身技术技能水平，更好地助力高质量发展。中小微企业对工匠人才的孵化培育能力要弱于大型企业，对技术技能的渴求更为迫切。优秀技术工人工作法的出版，以及相关数字衍生知识服务产品的推广，将对中小微企业的技术进步与快速发展起到推动作用。

当前，产业转型正日趋加快，广大职工对于技术技能水平提升的需求日益迫切。为职工群众创造更多学习最新技术技能的机会和条件，传播普及高效解决生产一线现场问题的工法、技法和创新方法，充分发挥工匠人才的"传帮带"作用，工会组织责无旁贷。希望各地工会能够总结、命名和推广更多大国工匠和优秀技术工人的先进工作法，培养更多适应经济结构优化和产业转型升级需求的高技能人才，为加快建设一支知识型、技术型、创新型劳动者大军发挥重要作用。


中华全国总工会兼职副主席、大国工匠

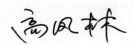

# 作者简介
## About The
## Author

**唐希明**

1966年出生，中卫市国有林业总场总工程师，正高级工程师。

曾获"全国防沙治沙先进个人""绿色生态工匠""最美林草科技推广员""宁夏回族自治区科学技术进步奖三等奖"等荣誉和称号。

唐希明工作30余年，长期坚持防沙治沙科学研究，先后组织参与了西北干旱地区林业防风固沙作用、抗旱造林技术等多项课题研究，"中国沙漠鸣沙形成机理及其修复技术研究"成果获"宁夏回族自治区科学技术进步奖三等奖"。参与欧李"晋欧1号"品种选育，获国家林木良种证等技术创新成果；自2017年以来，"水分传导式精准型沙漠植苗工具""草方格沙障用刷状网绳的生产装置"等4项发明分别取得国家实用新型专利并投入应用，大幅提高了治沙造林效率，降低了治沙造林成本，累计节省资金6000余万元，沙漠造林成活率提高了25%；2014—2021年，先后在学术期刊上发表学术论文7篇。

2023年12月，他作为选派专家赴蒙古国执行荒漠化治理和生态修复考察调研任务，结合宁夏荒漠化治理经验，对巴彦洪格尔省防沙治沙、生态治理提出了具体建议，为下一步深化相关领域合作交流奠定了基础。

不为名利 忍耐寂寞

勇于创新 宽容失败 勇战沙场

鹿存旸

# 目　　录
## Contents

# 引　言
## Introduction

探究在腾格里沙漠东南缘应用沙漠造林器栽植苗木的保水效果，观测其沙漠造林器是否更有利于苗木成活，同时为提高沙漠地区苗木栽植成活率提供科学支持。

通过对比两种栽植方式（铁锹和沙漠造林器）下不同土层土壤含水量，并使用相应公式计算，从土壤有效含水量、土壤水分亏缺程度、土壤水分变异系数等方面进行综合分析，评定哪种栽植方式更好。一是在草方格内进行人工栽植，采用沙漠造林器会大大降低各土层土壤水分的损耗风险，并且在沙漠造林器作用下的土壤含水量均高于铁锹，

最高达 1.42 倍，最低为 1.04 倍。二是两种
栽植方式深度不同，导致柠条根系所在土层
不同，进而对水分的利用策略不同。铁锹
组柠条主要利用 15~40cm 土层土壤水，沙
漠造林器组柠条主要利用 20~50cm 土层土
壤水，沙漠造林器组柠条根系所对应的土
层土壤水分亏缺程度较轻，更有利于柠条
的初期生长。三是铁锹栽植苗木成活率为
45%~55%，沙漠造林器栽植苗木成活率为
70%~75%，平均提高了 25% 左右。可见沙
漠造林器栽植苗木成活率更高。

　　综上所述，从土壤水分保持以及对应的
所栽柠条成活率等方面来看，相比铁锹栽
植，使用沙漠造林器栽植柠条效果更好。

第一讲

# 研发沙漠造林器的背景

　　植树造林是国家治理沙漠化蔓延的最有成效的措施之一。第一，植树造林可以有效防止沙漠化。沙漠化是指原本不是沙漠的地区，由于人类活动或自然因素的影响，土地表面逐渐裸露，植被退化，土壤质量下降，最终形成沙漠。植树造林可以改善土壤质量，增加土壤保水能力，减少水土流失，使原本荒芜的土地变得肥沃，从而防止沙漠化的发生。第二，植树造林可以减少沙尘暴的发生。沙尘暴发生的主要原因是地表植被减少，土地裸露，风力大，气候干燥。而植树造林可以增加地表植被覆盖率，减少土地裸露，从而减少沙尘暴的发生。同时，树木可以起到防风固沙的作用，减少风沙侵蚀，进一步减少沙尘暴的发生。第三，植树造林可以改善空气质量。在沙尘暴发生的过程中，沙尘颗粒和空气混合，形成浓厚的沙尘，对人类健康和环境造成危害。而植树造林可以吸收二氧化碳，释放氧气，净化空气，从而改善空气质量，减少沙尘暴对人类健康和环境的危害。

　　我国西北地区干旱少雨，蒸发量大，沙漠的干沙层一般在 20~35cm，由于沙漠地区土壤水分含量低，用传统铁锹挖坑植苗，在挖坑过程中干沙流入坑中，挖坑难度大，成本高，并且挖坑深度不够，造成栽植的树苗根系不能与沙层中的湿润层接触；同时把下层湿沙放在了周边，经过风吹日晒，使得水分流失，无法精准判断出与树苗根部接触的土壤沙层水分含量是否能够达到树苗成活的需求，致使栽植的苗木成活率低。沙漠造林器这一工具的发明可以解决挖坑难、苗木栽植深度不够、土壤水分流失、苗木无法接触到足够湿润的土壤以及造林成本高等问题。

第二讲

# 沙漠造林器的发明构造

　　本书阐述的沙漠造林器即水分传导式精准型沙漠植苗工具，包括植入杆、调节筒、手柄、植入湿润层提示装置。植入杆的下端与树苗接触，将树苗送入沙层内，植入杆的上端插入调节筒的下端。而调节筒的上端设置手柄，手柄内部设置放置植入湿润层提示装置的空腔，植入湿润层提示装置包括湿度传感器、控制器、提示元件。湿度传感器设置在植入杆的内部，其测量端从植入杆的下端伸出，与沙层接触，进而检测沙层的水分含量，生成沙层的实时湿度数据。湿度传感器的另一端穿过植入杆和调节筒，与控制器连接，将检测到的实时湿度数据提供给控制器，控制器将实时湿度数据与预设的参考数据进行比较，并依据比较结果控制提示元件对应显示。在手柄的顶部开设放置提示元件的通孔，提示元件穿过手柄顶部的通孔并设置在手柄的外部，以使操作人员能够直接观察。

在植入杆的下端设置凹形端部，凹形端部包括左侧侧壁、右侧侧壁以及位于左侧侧壁和右侧侧壁之间的凹形槽，凹形槽的底部为弧形底面。左侧侧壁远离凹形槽的外壁为锥面，锥面的横截面面积从上向下渐缩。在左侧侧壁的锥面上开设湿度传感器的测量端穿出的通孔。

调节筒为空心圆柱体，其下端开口用于插入植入杆的上端，其上端开口与手柄连接。在调节筒的侧壁上开设若干个外定位孔，还在植入杆的侧壁上开设若干个内定位孔，将销子插入外定位孔和内定位孔，以调节外露在调节筒下端的植入杆的长度。在调节筒下端的外壁上固定设置踏板，便于操作人员通过脚踩踏板的方式将植苗工具插入沙层中。

控制器包括输入单元、存储单元、比较单元、输出单元。输入单元接收湿度传感器提供的实时湿度数据，并将该数据提供至比较单元，而比较单元将实时湿度数据与存储单元中预存的参考数据进行比较，并将比较结果输送至输出单元。提示元件包括红色显示灯和绿色显示灯，输出单元与红色显示灯和绿色显示灯均有连接，以通过输出单元的输出信号控制红色显示灯或绿色显示灯点亮。

本实用新型沙漠造林器通过湿度检测器实时检测沙层的水分含量，然后通过控制器控制提示元件的显示，以提示操作人员是否可以栽种树苗，这样操作人员可以保证每一棵被栽种的树苗所在的沙层水分能够达到树苗生长的要求，从而大大提高成活率，节约物力、财力与人力成本。图1至图6为水分传导式精准型沙漠植苗工具的详细构造。

图中数字表示含义为：10-植入杆、11-左侧侧壁、12-右侧侧壁、13-凹形槽、131-弧形底面、20-调节筒、21-销子、22-踏板、30-手柄、

40-植入湿润层提示装置、41-湿度传感器、42-
控制器、421-输入单元、422-存储单元、423-比
较单元、424-输出单元、43-提示元件、431-红
色显示灯、432-绿色显示灯。

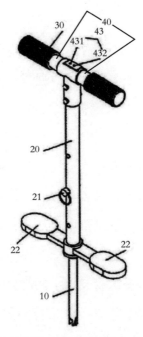

图 1　水分传导式精准型沙漠植苗工具的结构示意

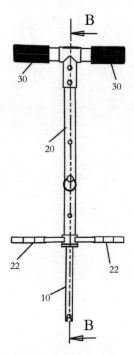

图 2　水分传导式精准型沙漠植苗工具的主视角

注：B 表示从上到下的立杆

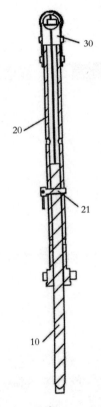

图 3　图 2 沿着 B-B 的截面图

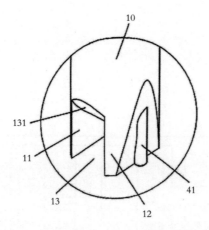

图 4　图 1 中植入杆（10）下端部的局部放大图

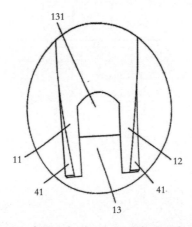

图 5　图 2 中植入杆（10）下端部的局部放大图

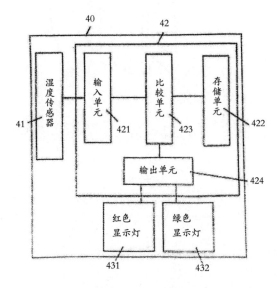

图 6　植入湿润层提示装置（40）的功能模块

　　为了更清楚地说明本实用新型沙漠造林器的技术方案，下面将结合图1至图6对沙漠造林器实物进行介绍。

　　参见图1至图3，水分传导式精准型沙漠植苗工具，包括植入杆（10）、调节筒（20）、手柄（30）、植入湿润层提示装置（40）。植入杆（10）的下端与树苗接触，将树苗送入沙层内。植入杆（10）的上端插入调节筒（20）的下端，调节筒（20）的上端设置手柄（30），手柄（30）内部设置放置植入湿润层提示装置（40）的空腔，植入湿润层提示装置（40）包括湿度传感器（41）、控制器（42）、提示元件（43）。湿度传感器（41）设置在植入杆（10）的内部，湿度传感器（41）的测量端从植入杆（10）的下端伸出，与沙层接触，进而检测沙层的水分含量，生成沙层的实时湿度数据。湿度传感器（41）的另一端穿过植入杆（10）和调节筒（20），与控制器（42）连接，将检测到的实时湿度数据提供给控制器（42），控制器（42）将实时湿度数据与预设的参考数据进行比较，并依据比较结果控制提示元件（43）对应显示。

参见图4至图6，在植入杆（10）的下端设置凹形端部，凹形端部包括左侧侧壁（11）、右侧侧壁（12）以及位于左侧侧壁（11）和右侧侧壁（12）之间的凹形槽，凹形槽的底部为弧形底面（131）。植入树苗时，将树苗的根部或靠近根部的茎干卡入凹形槽内，左侧侧壁（11）、右侧侧壁（12）起到将根部或茎干左右限位的作用，使树苗不会左右歪倒，然后向下压植苗工具，植入杆（10）的凹形槽将树苗插入沙层中。在向下压的过程中，凹形槽的弧形底面（131）与根部或茎干接触，起到传递压力的作用，通过弧形底面（131）不会将根部或茎干损伤或轧断。

左侧侧壁（11）远离凹形槽的外壁为锥面，

锥面的横截面面积从上向下渐缩，在左侧侧壁（11）的锥面上开设湿度传感器（41）的测量端穿出的通孔。锥面的设计可以减小植苗工具插入沙层时的阻力。同理，右侧侧壁（12）与左侧侧壁（11）具有相同的结构。

调节筒（20）为空心圆柱体，其下端开口用于插入植入杆（10）的上端，其上端开口与手柄（30）连接。在调节筒（20）的侧壁上开设若干个外定位孔，还在植入杆（10）的侧壁上开设若干个内定位孔，将销子（21）插入外定位孔和内定位孔，以调节外露在调节筒（20）下端的植入杆（10）的长度。

当湿度传感器（41）检测到沙层的水分含量不能满足栽种要求时，可以调节销子（21），将外露在调节筒（20）下端的植入杆（10）的长度调长，使植入杆（10）的下端插入沙层的深度加深，使水分能够满足栽种要求。在调节筒（20）

下端的外壁上固定设置踏板（22），便于操作人员通过脚踩踏板（22）的方式将植苗工具插入沙层中。

参见图6，控制器（42）包括输入单元（421）、存储单元（422）、比较单元（423）、输出单元（424）。输入单元（421）接收湿度传感器（41）提供的实时湿度数据，并将该数据提供至比较单元（423），比较单元（423）将实时湿度数据与存储单元（422）中预存的参考数据进行比较，并将比较结果输送至输出单元（424）。提示元件（43）包括红色显示灯（431）和绿色显示灯（432），输出单元（424）与红色显示灯（431）和绿色显示灯（432）均有连接，以通过输出单元（424）的输出信号控制红色显示灯（431）或绿色显示灯（432）点亮。

当实时湿度数据大于参考数据时，比较单元（423）输出湿度合格信号给输出单元（424），输出单元（424）依据该湿度合格信号控制绿色显示灯（432）点亮，操作人员观察到绿色显示灯（432）亮起，则表明植入杆（10）此时插入沙层的深度合适，水分含量达到树苗栽种的要求，可以栽种；当实时湿度数据小于参考数据时，比较单元（423）输出湿度不合格信号给输出单元（424），输出单元（424）依据该湿度不合格信号控制红色显示灯（431）点亮，操作人员观察到红色显示灯（431）亮起，则表明植入杆（10）此时插入沙层的深度不合适，水分含量不能达到树苗栽种的要求，不可以栽种。

第三讲

# 沙漠造林器的试验研究

　　沙漠化一直是社会关注的焦点问题之一，其危害程度从最初的地表植被逐渐被破坏到小面积流沙出现，最后可发展成地表粗化，土壤含水量降低，风蚀严重，进而造成可利用土地资源减少、土地生产力严重衰退、自然灾害加剧等一系列问题，对农业、牧业和人民生产生活造成严重损失。根据我国在防沙治沙过程中多年的经验累积，目前可将防沙治沙造林技术分为飞播造林、容器苗固沙造林、大苗深植、"六位一体"栽植、扦插倒坑、高杆造林、沙地直播、设立沙障等。

　　根据各沙区的立地条件可自由选择，本书所阐述的研究区主要采用设立沙障技术。该技术原理是通过机械沙障对下垫面粗糙程度的改变，从而降低底层风速，减弱输沙强度，最终使流沙表面达到稳定的效果，从而为苗木根部创造生根条件，使大量根系萌生、深入沙层，促进水分吸收。由于研究区沙障材料为麦草，其有效使用年

限只有 4 年，故后期灌木的栽植及成活尤为重要，
是该区域防沙治沙成功的关键所在。

当今，在造林过程中对灌木的栽植主要有种
子撒播和苗木栽植两种方式。因沙漠环境严酷恶
劣，降水稀少，灌木种子萌发率较低，故造林时
多采用苗木栽植的方式。干旱、半干旱地区沙漠
造林多为无灌溉造林，水分是沙漠植物成活及生
长的主要限制因素，而该地区植物所需水分主要
靠土壤供给，所以要在无灌溉区的沙漠进行成片
灌木栽植，就必须避免原土壤中不必要的水分散
失。如今，造林常用栽植方式为传统栽植（铁锹
栽植）——挖坑种树。其实施过程为先用铁锹挖
坑，待每条行带的树坑全部挖完后，领取苗木再
进行栽植填埋。该过程中用铁锹的挖坑动作，会
使原先土层结构被破坏，将深层土壤翻动至表
层，并且由于作业顺序出现的晾晒行为会使深层
湿沙土壤水分蒸发，造成严重的水分丧失，最终

可能导致苗木成活率下降。

为解决这一问题，新型栽植工具即沙漠造林器被用于苗木栽植。该工具采用直插式栽植原理，可最大限度保证土壤土层结构完整性，在允许范围内避免部分土壤水分丧失，由此提高苗木成活率。理论上确实如此，但具体两种栽植方式的差距还没有一个量的定论。本书提供的试验是通过测定两种栽植方式下的不同土层土壤水分，并将其进行数据处理分析，探究哪种栽植方式的保水效果更好，更有利于苗木的成活，为将来大批量高效率栽植提供数据支持。

## 一、材料与方法

### 1. 研究区概况

研究地点位于宁夏回族自治区中卫市境内的腾格里沙漠东南缘中卫"世行贷款"项目区（37°32′~37°26′N，105°03′~104°4′E）。腾格里沙漠东南缘地处阿拉善高原荒漠与荒漠草原的过渡地带，属于草原化荒漠。因受内蒙古高气压的影响，冬春季节寒冷、干燥、多西北风，但也有短暂时间受东南季风的影响。夏秋季节降雨集中，东北风和偏南风转盛，故兼有大陆性气候和季风降雨的特点。年平均气温为 9.6℃，极低温为 -25.1℃，极高温为 38.1℃，昼夜温差大；年平均降水量为 186.2mm，主要集中在 5~9 月；水分年蒸发量为 2300~2500mm，空气平均相对湿度为 40%，最低湿度为 10%；年平均风速为 2.8m/s，风速大于 5m/s 的风沙天气约有 200 天。

土壤基质为风沙土，地下水埋深达 80m。地貌形态以格状沙丘为主，主梁呈东北—西南走向，副梁呈西北—东南走向，主梁是连续的，副梁往往被主梁隔断。迎风坡朝向为西北，坡度为 5°~10°；背风坡朝向为东南，坡度为 30°~32°。其间栽植植被主要有灌木柠条和半灌木油蒿。草本植物主要有雾冰藜、小画眉草、虫实、虎尾草、砂蓝刺头、沙米。

## 2.研究方法

研究样地选择在中卫"世行贷款"项目区2017年所扎设的草方格片区内。其原因是,与2018年所扎草方格片区相比,该区沙面条件稳定,可降低部分环境因素的干扰。该区物种丰富度低,尤其没有多年生长的草本植物沙蒿,排除了其他灌木物种以及沙蒿对栽植物种的影响。试验时间为2019年9月22日至10月7日,试验时间和每年实际栽植苗木时间一致。所选苗木也是"世行贷款"项目区的主要灌木物种——柠条,具体参数详见表1。苗木栽植规格是1m×3m。采用两种栽植方式,一种是传统方式即铁锹栽植,另一种是新型方式即沙漠造林器栽植。为达到试验效果,完成试验目的,特在该片区无植被的草方格中设置1组对照(CK为对照组,全程不栽种植物），共计 3 种处理方式。

表 1　所栽苗木的基本特征

| 栽植苗木 | 苗龄 / a | 苗木高度 / cm | 根长 / cm | 地径 / cm | 病虫害 | 机械损伤 |
|---|---|---|---|---|---|---|
| 柠条 | 2 | ≥ 50 | 15~20 | 0.3~0.5 | 无 | 无 |

　　根据试验目的要求，试验栽植操作过程及养护管理措施与实际栽植完全一致。具体操作如下：铁锹组栽植时先挖苗木栽植坑，大小约为 35cm×35cm×25cm，然后使栽植坑暴露在阳光下晾晒 30min，最后将柠条植入坑中并完成填坑；沙漠造林器组栽植时主要利用植苗铲末端叉住树苗根部，双手握住手柄，一脚踩住踏板顺势将苗木向下直插，进入草方格中央土壤，然后向上提起沙漠造林器，最后完成栽植。

　　两组栽植同时进行，试验期间也未对其进行浇水、施肥等养护管理。此次共栽植柠条 48 棵，每组 24 棵，栽植完成后使用铝盒对 3 种处理方

式下的土壤水分进行分层取样，然后用烘干法
（105℃，24h）测定土壤含水量。因铁锹挖掘深度
为30~38cm，沙漠造林器挖掘深度为50cm，所
以取样深度设置为0~5cm、5~10cm、10~15cm、
15~20cm、20~25cm、25~30cm、30~35cm、
35~40cm、40~50cm。取样时间分别为0d、1d、
3d、5d、7d、10d。为降低试验误差，每次取样
均在距离柠条5cm处操作，并且重复2次。

### 3. 数据分析方法

土壤含水量（土壤含水率，用 $P$ 表示）是指
土壤中的绝对含水量，该试验所测定的是土壤重
量含水量，其计算公式为：

$$土壤重量含水量 = \frac{原土重 - 烘干土重}{烘干土重} \times 100\% \quad （1）$$

利用土壤有效含水量测定土壤中可被植物吸
收利用的水分含量，其计算公式为：

$$土壤有效含水量 = 土壤含水量 - 凋萎湿度 \quad （2）$$

单个样地不同土层土壤水分亏缺程度评价利用土壤水分相对亏缺指数（Compared Soil Water Deficit Index，CSWDI）来计算，其计算公式为：

$$CSWDI_i = \frac{CP_i - SM_i}{CP_i - WM} \tag{3}$$

式中，$i$ 为第 $i$ 土层；$CP_i$ 为对照样地第 $i$ 土层土壤相对湿度；$SM_i$ 为样地第 $i$ 土层土壤相对湿度；$WM$ 为凋萎相对湿度。

利用变异系数 $CV$ 对土壤水分垂直变化层次进行划分，表示各层次土壤水分的稳定性，其计算公式为：

$$CV = \frac{S}{\bar{X}} \tag{4}$$

$$S = \sqrt{\frac{1}{n-1}\sum_{i=1}^{n}(X_i - \bar{X})^2} \tag{5}$$

式中，$S$ 为样本标准差，$\bar{X}$ 为观测样本（土壤重量含水量）平均值；$n$ 为样本总个数；$X_i$ 为样本的

第 $i$ 个观测值。

采用 Excel 表完成数据处理后，使用 SPSS22.0 软件进行单因素方差分析，用 Surfer13.0 软件绘制土壤水分垂直分布图。

## 二、结果与分析

### 1. 不同处理方式下土壤水分垂直变化规律

在采用两种不同方式栽植柠条后，数据经统计处理，两组样地土壤水分整体表现为：铁锹组、沙漠造林器组 0~50cm 土层中土壤平均含水量分别是 0.87%、1.08%。与 CK 组土壤含水量相比，铁锹组减少了 0.14%，沙漠造林器组增加了 0.07%，并且单因素方差分析结果显示三者并无显著性差异（ $p>0.05$ ）。将 3 种处理方式下的土壤含水量分层展示，结果如图 7 所示。三组的土壤水分垂直动态均表现为，土壤含水量随土层深度的增加呈增大—减小—增大的波动形变化，

其波动范围为 CK 组（0.4%~1.45%）、铁锹组
（0.38%~1.32%）、沙漠造林器组（0.43%~1.48%）。
并且铁锹组和沙漠造林器组的土壤含水量变化趋
势相一致，二者都在 10~15cm 土层到达第一个峰
值，土壤含水量分别是 1.08%、1.48%。然后土
壤含水量开始下降，直到 25~30cm 土层到达最小
值（0.66%，0.83%）再开始上升。在整个过程中，
沙漠造林器组的土壤含水量均高于铁锹组，最高
达 1.42 倍，最低为 1.04 倍。

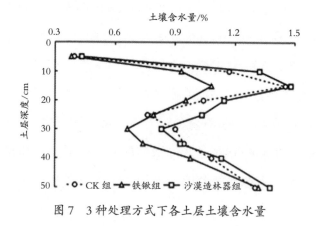

图 7　3 种处理方式下各土层土壤含水量

## 2. 不同处理方式下土壤有效含水量垂直变化规律

沙漠地区土壤含水量一般相对较低，可被植物吸收利用的土壤水较少，通常该区域土壤凋萎相对湿度为 0.6%，使用土壤有效含水量公式进行计算，结果为没有柠条栽植的 CK 组在试验期间 0~5cm 土层土壤有效含水量为 -0.2%，即土壤中含水量无法满足植物的吸收与利用；10~15cm 土层土壤有效含水量最大为 0.85%；0~50cm 土层土壤有效含水量范围为 0.16%~0.85%（见图 8）。铁锹组在试验期间 0~5cm 土层土壤有效含水量为 -0.22%，同样无法满足该土层中植物对土壤水的吸收与利用；10~15cm 土层土壤有效含水量最大为 0.48%，但并不是最大有效含水量，其最大值出现在 40~50cm 土层，数值为 0.72%；0~50cm 土层土壤有效含水量范围为 0.06%~0.72%。沙漠造林器组在试验期间 0~5cm 土层土壤有效含水

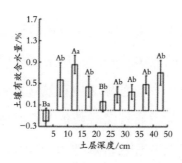

（a）CK 组

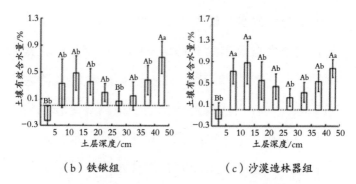

（b）铁锹组　　　　　　（c）沙漠造林器组

图 8    3 种处理方式下各土层土壤有效含水量

注：不同字母表示差异显著

量为 -0.17%，也无法满足植物对土壤水的吸收
与利用；但 10~15cm 土层土壤有效含水量最大
值为 0.88%，是 3 种处理方式下土壤有效含水量
的最高值；0~50cm 土层土壤有效含水量范围为
0.23%~0.88%。

总体而言，通过对比 3 种处理方式下的土壤
有效含水量可以得出：CK 组、铁锹组及沙漠造林
器组 0~5cm 土层的土壤含水量皆是无效含水，都
无法供给植物正常的生长生理所需，无效程度按
大小排序为铁锹组 > CK 组 > 沙漠造林器组。在
整个土层（0~50cm）中，土壤有效含水量范围按
大小顺序为沙漠造林器组 > CK 组 > 铁锹组。3
种处理方式的土壤有效含水量不仅最大值与最小
值不同，其出现的土层也不尽相同。CK 组最小
值出现在 20~25cm 土层，而铁锹组和沙漠造林器
组最小值都出现在 25~30cm 土层；CK 组和沙漠
造林器组最大值出现在 10~15cm 土层，铁锹组最

大值则出现在 40~50cm 土层。

## 3. 不同处理方式下各土层土壤水分相对亏缺特征

土壤水分相对亏缺指数（CSWDI）是具体评价土壤水分是否缺失的一个衡量指标，可以清楚地评估出土壤剖面上不同层次土壤水分相对亏缺的程度。一般 CSWDI 数值越大，表明土壤水分亏缺越严重；若 CSWDI 数值小于 0，表明土壤水分没有亏缺。

图 9 是两种栽植方式作用下各土层土壤水分的相对亏缺指数，CK 组作为参照样地，铁锹组的 CSWDI 数值波动较大，且土壤水分亏缺土层较多。其中亏缺严重的是 20~25cm 土层，CSWDI 数值达到 5.64；10~15cm、25~30cm、30~35cm、35~40cm 土层属于轻微亏缺，CSWDI 数值分别是 0.2、0.34、0.43、0.48；40~50cm 土层 CSWDI 数值为 0，土壤水分没有亏缺，也没有补充，处于

临界状态; 0~5cm、5~10cm、15~20cm 土层土壤
水分得到轻微补充, CSWDI 数值分别是 −0.04、
−0.54、−0.02。

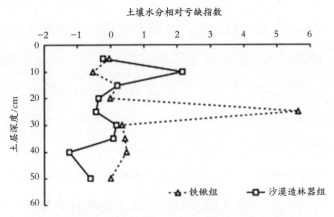

图9 两种栽植方式下各土层土壤水分相对亏缺指数

相比铁锹组的土壤水分相对亏缺指数而言,
沙漠造林器组的波动幅度较小, 并且土壤水分
亏缺土层相对较少。CSWDI 数值最大出现在
5~10cm 土层, 为 2.15, 土壤水分亏缺程度较为严
重; 10~15cm、25~30cm、30~35cm 土层土壤水分

属于轻微亏缺，CSWDI 数值分别为 0.21、0.18、0.07；0~5cm、15~20cm、20~25cm、35~40cm、40~50cm 土层土壤水分均不同程度得到补充，CSWDI 数值分别为 -0.23、-0.37、-0.44、-1.24、-0.62，其中 35~40cm 土层土壤水分补充量相对最高。

从整体来看，铁锹组土壤水分得到补充的土层大多出现在表层，如 0~5cm、5~10cm、15~20cm 土层，而随着土层深度的增加，土壤水分反而出现亏缺。沙漠造林器组的土壤水分相对亏缺指数变化规律不明显，其土壤水分的亏缺与补充随土层深度的增加呈交替嵌套式变化。

**4. 不同处理方式下各土层土壤水分变异系数变化**

由表 2 可见，试验期间 CK 组样地中土壤含水量最大值在 5~10cm 土层，为 2.20%；其最小值在 0~5cm 土层，为 0.08%。铁锹组样地土壤含水

表 2　CK 组样地处理土壤水分的统计特征

| 土层深度 /cm | 最大值 /% | 最小值 /% | 平均值 /% | 标准差 /% | 变异系数 /% |
|---|---|---|---|---|---|
| 0~5 | 1.60 | 0.08 | 0.52 | 0.20 | 36.19 |
| 5~10 | 2.20 | 0.20 | 1.41 | 0.36 | 25.45 |
| 10~15 | 1.83 | 0.87 | 1.60 | 0.28 | 18.69 |
| 15~20 | 1.76 | 0.59 | 1.17 | 0.28 | 26.13 |
| 20~25 | 1.47 | 0.21 | 0.85 | 0.27 | 33.65 |
| 25~30 | 1.30 | 0.36 | 0.87 | 0.09 | 11.91 |
| 30~35 | 1.44 | 0.47 | 0.97 | 0.12 | 16.68 |
| 35~40 | 1.55 | 0.36 | 1.08 | 0.11 | 10.29 |
| 40~50 | 1.97 | 0.38 | 1.30 | 0.19 | 17.78 |

量最大值在 5~10cm 土层，为 2.58%；其最小值在 0~5cm 土层，为 0.08%（见表 3）。沙漠造林器组样地土壤含水量最大值在 10~15cm 土层，为 2.66%；其最小值在 0~5cm 土层，为 0.04%（见表 4）。

　　3 种处理方式下土壤含水量最低值均出现在 0~5cm 土层，而 CK 组与铁锹组的最大值都出现在 5~10cm 土层，沙漠造林器组则出现在

表3 铁锹组样地处理土壤水分的统计特征

| 土层<br>深度 /cm | 最大值 /<br>% | 最小值 /<br>% | 平均值 /<br>% | 标准差 /<br>% | 变异系数 /<br>% |
|---|---|---|---|---|---|
| 0~5 | 1.43 | 0.08 | 1.14 | 1.11 | 39.91 |
| 5~10 | 2.58 | 0.18 | 1.03 | 0.21 | 32.51 |
| 10~15 | 2.16 | 0.41 | 1.29 | 0.31 | 22.19 |
| 15~20 | 1.71 | 0.26 | 1.04 | 0.38 | 42.38 |
| 20~25 | 1.16 | 0.22 | 0.99 | 0.43 | 50.27 |
| 25~30 | 1.16 | 0.21 | 0.84 | 0.26 | 32.92 |
| 30~35 | 1.64 | 0.22 | 0.85 | 0.18 | 25.06 |
| 35~40 | 1.64 | 0.13 | 1.09 | 0.19 | 23.98 |
| 40~50 | 1.94 | 0.42 | 1.37 | 0.11 | 8.48 |

表4 沙漠造林器组样地处理土壤水分的统计特征

| 土层<br>深度 /cm | 最大值 /<br>% | 最小值 /<br>% | 平均值 /<br>% | 标准差 /<br>% | 变异系数 /<br>% |
|---|---|---|---|---|---|
| 0~5 | 1.95 | 0.04 | 0.35 | 0.32 | 49.80 |
| 5~10 | 1.92 | 0.37 | 1.23 | 0.15 | 11.41 |
| 10~15 | 2.66 | 0.49 | 1.40 | 0.39 | 35.17 |
| 15~20 | 2.55 | 0.27 | 1.15 | 0.13 | 13.46 |
| 20~25 | 1.85 | 0.27 | 0.95 | 0.12 | 11.92 |
| 25~30 | 1.22 | 0.29 | 0.76 | 0.15 | 23.85 |

| 土层深度 /cm | 最大值 /% | 最小值 /% | 平均值 /% | 标准差 /% | 变异系数 /% |
|---|---|---|---|---|---|
| 30~35 | 1.56 | 0.37 | 1.88 | 1.62 | 44.55 |
| 35~40 | 1.69 | 0.47 | 1.03 | 0.25 | 26.35 |
| 40~50 | 1.94 | 0.94 | 1.29 | 0.21 | 16.72 |

10~15cm 土层。根据剖面（0~50cm）土壤水分垂直变化变异系数划分为变速层（$CV \geqslant 30\%$）、活跃层（$CV$: 20%~30%）、次活跃层（$CV$: 10%~20%），以及相对稳定层（$CV \leqslant 10\%$）。因而，CK 组样地、铁锹组样地以及沙漠造林器组样地土壤含水量垂直变异分层分别为：CK 组样地中，0~5cm、20~25cm 为变速层，5~10cm、15~20cm 为活跃层，10~15cm、25~50cm 为次活跃层；铁锹组样地中，0~10cm、15~30cm 为变速层，10~15cm、30~40cm 为活跃层，40~50cm 为相对稳定层；沙漠造林器组样地中，0~5cm、10~15cm、30~35cm 为变速层，25~30cm、35~40cm 为活跃

层，5~10cm、15~25cm、40~50cm 为次活跃层。

由于在沙漠环境下 0~50cm 土层土壤含水量相对稳定性较差，加上人为扰动因素的影响，所以试验中经 3 种处理方式得到的不同土层土壤含水量变异系数差别较大，其划分结果规律性不强。

5. 不同处理方式下各土层土壤含水量随时间的变化

为进一步探究两种栽植方式对土壤含水量的具体影响，本试验将连续测定的各土层土壤含水量按时间顺序整理，绘制出图 10。

由图 10 可知，在栽植当天 CK 组土壤表层含水量在 1% 以上的土层为 5~15cm，随着时间的推移表层土壤含水量下降，15~20cm 土层土壤含水量增加。到了试验第 7d，CK 组 5~50cm 土层土壤含水量明显增加，均大于 1.1%，并一直持续到试验第 10d。

相比 CK 组，试验初期铁锹组表层土壤含水量

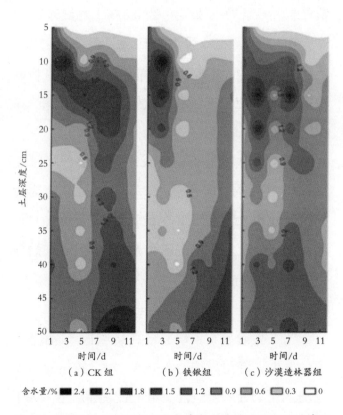

图 10　3 种处理方式下各土层土壤含水量随时间变化的情况

大于 1.1% 的土层在 5~25cm，而 25~50cm 土层土壤含水量不足 1%，最小值为 0.27%。在试验第 5d 时所有土层土壤含水量都低于 1%，除了 20~25cm 土层，其他土层土壤含水量都不足 0.5%，直到试验第 7d 各土层土壤含水量有所回升，仅 35~50cm 土层土壤含水量超过 1.4%。

沙漠造林器组栽植当天土壤表层含水量在 1% 以上的土层同样出现在 5~15cm，由于人为扰动因素较小，整个土层在试验第 3d 土壤含水量明显增加，随着时间的推移从试验第 8d 开始各土层土壤含水量略有下降，并一直到试验结束。

6.讨论

气象数据显示，研究区在试验前 3d 有降雨事件发生，降雨量约为 13mm，对于腾格里沙漠流动沙丘土壤入渗而言，属于有效降雨量（大于 6.4mm）。所以在第一次取样时，土表 0~15cm 土层土壤含水量均相对较高。但由于铁锹组在苗木栽植过程中的挖掘及晾晒操作，导致 25~40cm 土层土壤水分蒸发、流失，土壤含水量降低。在后期完成栽植填坑后，含水量较高的土壤大多堆积在 0~20cm 土层中，使其含水量较其他土层略高些。根据专家对流动沙丘的研究发现，0~20cm 土层属于沙丘的干沙层范围，因此在植被尚未被稳定建立时，该土层变异系数较大，随着时间的推移土壤含水量因受蒸发量的影响而降低。

沙漠造林器组栽植方式以直插式为主，操作简单，人为扰动因素小，大大降低了各土层土壤水分的损耗风险，因此该组作用下的土壤含水量均高于铁锹组，最高达 1.42 倍，最低为 1.04 倍。而铁锹组栽植时因其作业特点使部分土壤水分丧失，导致其各土层土壤含水量均低于 CK 组，最大减少了 26.36%。以 CK 组为对照，3 种处理方式下的土壤水分垂直动态规律总体表现为：土壤含水量随土层深度的增加呈增大—减小—增大的波动形变化，但变化土层不同。

　　干旱、半干旱沙漠地区环境严酷恶劣，光热资源丰富，但水资源严重匮乏。对于在该地区生长的植物来说，水是限制其生长的主要因素，合理有效地利用有限水资源已成为植被长期稳定和可持续发展的前提基础。

　　研究表明，不同植物类型在各生长阶段的水分利用策略不同。对柠条而言，有专家认为5年生植株主要利用20~50cm土层的土壤水，而9年和25年生植株则主要利用30~50cm土层的土壤水。结合试验所用柠条参数及栽植深度确定，铁锹组柠条主要利用15~40cm土层土壤水，沙漠造林器组柠条主要利用20~50cm土层土壤水。经过数据统计分析发现，铁锹组15~40cm土层的平均土壤含水量为0.96%，沙漠造林器组20~50cm土层的平均土壤含水量为1.18%。二者对比后可知，沙漠造林器组可为植物多提供约0.2倍的土壤水。

从土壤水分亏缺方面来看，以 CK 组为准，铁锹组 CSWDI 数值波动较大，土壤水分亏缺土层较多，特别是 20~25cm 土层亏缺严重，10~15cm、25~30cm、30~35cm、35~40cm 土层属轻微亏缺；沙漠造林器组 CSWDI 数值波动幅度较小，土壤水分亏缺土层较少，亏缺程度较为严重的是 5~10cm 土层，10~15cm、25~30cm、30~35cm 土层属轻微亏缺，对柠条生长影响较小。

通过各土层土壤水分连续监测结果可知，在试验中除了表层土壤含水量随时间推移一直降低，其他土层土壤含水量均有增加情况出现，但因栽植方式不同，其增加时间、持续时间以及增加的土层都有所不同，导致对土壤水分影响程度不同，进而导致栽植苗木成活率也不相同。据统计，对同年不同栽植方式的柠条林进行多次抽检，其结果为铁锹栽植苗木成活率为 45%~55%，而沙漠造林器栽植苗木成活率为 70%~75%，平均提高了 25% 左右。

## 三、结论

（1）在草方格内进行人工栽植，采用沙漠造林器栽植会大大降低各土层土壤水分的损耗风险。在沙漠造林器组作用下的土壤含水量均高于铁锹组，最高达 1.42 倍，最低为 1.04 倍。

（2）两种栽植方式深度不同，导致柠条根系所在土层不同，进而对水分的利用策略不同。铁锹组柠条主要利用 15~40cm 土层土壤水，沙漠造林器组柠条主要利用 20~50cm 土层土壤水。沙漠造林器组所对应的土层土壤水分亏缺程度较轻，更有利于柠条的初期生长。

（3）在栽植苗木成活率方面，铁锹栽植苗木成活率为 45%~55%，而沙漠造林器栽植苗木成活率为 70%~75%，平均提高了 25% 左右。所以沙漠造林器栽植苗木成活率更高。

第四讲

# 沙漠造林器对成活率的影响

　　我国是世界上沙漠化（土地退化）最严重的国家之一，沙化土地占国土总面积的 17.93%，每年因土地退化造成的直接经济损失超过 500 亿元。新中国成立以来，党和国家高度重视沙化土地治理和沙区生态恢复与重建。统计资料显示，2000 年以来，我国沙化土地面积连续 3 个监测期保持减少，年均缩减 1980km$^2$，实现了由"沙进人退"到"人进沙退"的历史性转变。利用人工植被防沙治沙，是国际上公认的沙区生态重建和沙害防治最有效的方法和途径之一，在我国已有近六十年的历史。大量研究和实践证明，植物固沙能有效遏制沙漠化的发展，促进局地生态环境恢复。

　　柠条为豆科锦鸡儿属的落叶大灌木植物，根系极为发达，主根入土深，株高为 150~300cm。柠条具有抗逆性强、耐寒耐干旱的特点，在土壤肥力极差、含水率低的流动沙地和固定半固定沙地上均能正常生长，即便是在贫水年份（降水量约为 100mm）也能正常生长。因此，柠条被广泛应用于我国干旱和半干旱区沙化土地治理和生态恢复实践。据统计，我国柠条栽植面积达到 666.7 万 hm²。

然而，沙漠地区柠条成活率较低，通常为 20%~40%。在实际栽植过程中往往需要通过多次补栽，才能达到防治风沙和土地治理的效果。补栽不仅直接导致经济成本增加，而且显著增加了人力成本，也严重影响了防沙治沙的进度和沙区生态文明建设的进程。因此，下文阐述的提高柠条成活率的试验能降低经济成本和人力成本，为我国柠条高效栽植提供科学方法，也为加快沙化土地治理速度提供科技支撑，服务于干旱和半干旱沙漠地区的生态文明建设。

## 一、试验地概况

为探索提高柠条成活率的方法，于 2016 年和 2017 年在腾格里沙漠东南缘中卫市长流水包兰铁路北"世行贷款"项目区（37°32′N，105°02′E，海拔1340m）开展研究。试验区年均气温和年均降水量分别为9.6℃和186mm（80%的降水集中在5—9月）；土壤类型属于典型的地带性土壤——灰钙土和风蚀土壤，含水量为3%~4%。由于地下水（埋深超过60m）不能被固沙植物直接利用，降雨成为该区域植物生长和发育的唯一水分来源。

## 二、试验设置

分别使用传统方法（铁锹挖坑栽植）和沙漠造林器栽植方法栽植柠条。每种方法设置3次重复，每个重复面积10000m²（1hm²），重复间隔大等或等于1km，每个重复面积栽植3300株（株行距为1.5m×2m）2年生柠条苗。当年9—10月统计各小区所有柠条成活数量，计算成活率。两种栽植方式同时进行，均使用年龄相近的2个

工人（1 个男工和 1 个女工），计算经济成本和人
力成本。

## 三、结果与分析

### 1. 两种栽植方式对柠条成活率的影响

研究结果表明，2016 年和 2017 年沙漠造林
器栽植的柠条成活率分别为 70.5% 和 69.7%，显
著高于使用传统栽植方法的 48.5% 和 43.0%，成
活率平均提高了 25%（见图 11）。传统方法和沙
漠造林器栽植最大的区别在于栽植深度不同，传
统方法栽植深度约为 30cm，沙漠造林器栽植深度
为 40~45cm。因此，柠条种苗深栽是提高成活率
的重要措施。

大量研究表明，流沙中土壤水分含量是深层
高于表层，尤其是栽植初期水分的保证显著影响
柠条的成活率。深栽使柠条根部充分接触到水
分，为其成活提供了保证，这也解释了为什么深

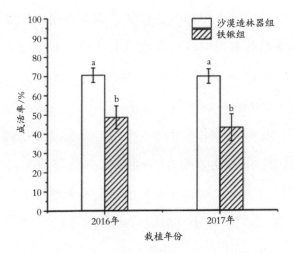

图 11  2016 年和 2017 年两种栽植方式对柠条
成活率的影响

注：不同小写字母表示差异显著，$p < 0.05$

栽提高了柠条成活率。同样，对沙拐枣和花棒的栽植研究也证明深栽可显著提高其成活率。

2. 两种栽植方式对栽植效率和人工成本的影响

通过分析人力成本和经济成本发现，沙漠造林器栽植方式显著降低了人力成本，栽植每千株柠条仅需 1.2 个工，而传统方法需要 2.9 个工，

节约人力成本约 60%。在经济成本方面，沙漠造
林器栽植方式同样具有明显的优势，即栽植每千
株柠条仅需 134.3 元，而传统方法需要 313.6 元，
节约经济成本约 60%（见图 12）。

近年来，随着劳动力市场人力资源的日趋紧
缺，提高劳动效率在柠条栽植中就显得格外重
要。用沙漠造林器方法栽植柠条将劳动效率提高
了近 1.5 倍，显著节约了劳动成本。

## 四、结论

综上所述，基于 2016 年和 2017 年两年的连
续研究，同时在大面积栽植条件下，沙漠造林器
栽植柠条的方法显著提高了成活率，达 70% 以
上，较传统栽植方法提高了 25% 左右。同时，沙
漠造林器较传统方法节约人力成本约 60%，节约
经济成本约 60%。鉴于沙漠造林器方法栽植柠条
成活率高、人力成本和经济成本低，在沙区尤其

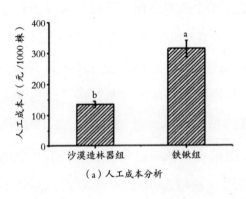

（a）人工成本分析

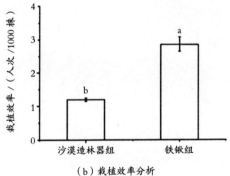

（b）栽植效率分析

图 12　两种栽植方式下栽植效率和人工成本分析

注：不同小写字母表示差异显著，$p < 0.05$

是干旱沙区推广使用效果显著。2015年，300余人经过系统性技术培训，全面掌握了治沙造林的技术，开始在中卫市沙坡头区腾格里沙漠使用沙漠造林器进行治沙造林，通过该工具在治沙造林过程中的使用，造林成活率提高了25%左右，劳动成本降低了50%。截至目前，该工具在宁夏、甘肃、内蒙古、新疆、青海、陕西等地已大面积推广应用，栽植面积达50余万亩，累计节省资金6000余万元。

# 后 记

作为一线职工，我们林业工人工作在一线，创新在一线。我们犹如人体的毛细血管，伸入各行各业的细枝末节处。在生产实践中，我们无时无刻不在直面难题，每分每秒都想突破"瓶颈"。我们为此而努力，拥有取之不尽、用之不竭的创新灵感，同时拥有呼之欲出的创新愿景。只要掌握高效、可行的方法，将创新的触角伸入治沙造林的每一道工序中，我们必将成长为推动科技发展的领军人，成长为促进国家高质量发展的生力军。

2023 年 6 月，习近平总书记在内蒙古自治区巴彦淖尔市考察，主持召开加强荒漠化综合防治和推进"三北"等重点生态工程建设座谈会并发表重要讲话。习近平总书记强调，要完整、准确、全面贯彻新发展理念，坚持山水林田湖草沙一体化保护和系统治理，以防沙治沙为主攻方向，以筑牢北方生态安全屏障为根本目标，因地制宜、因害设防、分类施策，加强统筹协调，突出重点治理，调动各方积极性，力争用10年左右时间，打一场"三北"工程攻坚战，把"三北"工程建设成为功能完备、牢不可破的北疆绿色长城、生态安全屏障。

目前我和团队所做的工作就是盯紧生态建设不放松，做精、做细、做优林业产业发展，在防沙治沙一线创新研发出更适用于治沙、用沙的新技术，为全力打好"三北"工程、黄河"几字弯"攻坚战提供技术保障，用实际行动为实现生态强国、科技强国奋斗!

　　同时,我还要继续依托自己的防沙治沙平台,在带徒传技、技能攻关、技艺传承、技能推广等方面发挥作用,开展交流培训、难题攻关、人才培养等重点工作,培养和带动更多的团队成员一起深耕防沙治沙领域,更加勇毅地坚守在防沙治沙一线主阵地,改革创新,打造有力量、有技术、有理想的创新型防沙治沙高技能人才梯队,为持续促进生态文明建设高质量发展作出自己应有的努力和贡献。

2024 年 8 月

**图书在版编目（CIP）数据**

唐希明工作法：沙漠造林器的技术与应用 / 唐希明
著. -- 北京：中国工人出版社，2024.11. -- ISBN
978-7-5008-8542-9

Ⅰ. P941.73

中国国家版本馆CIP数据核字第2024367UP6号

# 唐希明工作法：沙漠造林器的技术与应用

出 版 人　董　宽

责 任 编 辑　孟　阳

责 任 校 对　张　彦

责 任 印 制　栾征宇

出 版 发 行　中国工人出版社

地　　　址　北京市东城区鼓楼外大街45号　邮编：100120

网　　　址　http://www.wp-china.com

电　　　话　（010）62005043（总编室）

　　　　　　（010）62005039（印制管理中心）

　　　　　　（010）62379038（职工教育编辑室）

发 行 热 线　（010）82029051　62383056

经　　　销　各地书店

印　　　刷　北京市密东印刷有限公司

开　　　本　787毫米×1092毫米　1/32

印　　　张　2.875

字　　　数　35千字

版　　　次　2024年12月第1版　2024年12月第1次印刷

定　　　价　28.00元

# 优秀技术工人百工百法丛书

## 第一辑 机械冶金建材卷

100 ARTISANS AND 100 TECHNIQUES SERIES

**郭玉明工作法**
复吹转炉底吹的精准维护

100 ARTISANS AND 100 TECHNIQUES SERIES

**金国平工作法**
炼钢连铸设备智能化的运用与改善

100 ARTISANS AND 100 TECHNIQUES SERIES

**李兵工作法**
汽车发动机故障诊断与维修

100 ARTISANS AND 100 TECHNIQUES SERIES

**李凯军工作法**
压铸模具制造

100 ARTISANS AND 100 TECHNIQUES SERIES

**林学斌工作法**
连铸电气设备的点检

100 ARTISANS AND 100 TECHNIQUES SERIES

**刘伯鸣工作法**
带直段锥体的锻造与成形

100 ARTISANS AND 100 TECHNIQUES SERIES

**刘更生工作法**
京作硬木家具制作水磨、烫蜡技艺

100 ARTISANS AND 100 TECHNIQUES SERIES

**潘从明工作法**
萃取设备的设计与制造

100 ARTISANS AND 100 TECHNIQUES SERIES

**裴永斌工作法**
弹性油箱全自动数控加工技术

100 ARTISANS AND 100 TECHNIQUES SERIES

**邵志村工作法**
铜精矿火法的双闪冶炼

100 ARTISANS AND 100 TECHNIQUES SERIES

**王树军工作法**
设备的养护与修理

100 ARTISANS AND 100 TECHNIQUES SERIES

**王万松工作法**
热轧带钢板形的控制

100 ARTISANS AND 100 TECHNIQUES SERIES

**温广勇工作法**
玻璃纤维拉丝设备的维修与优化

100 ARTISANS AND 100 TECHNIQUES SERIES

**文寨军工作法**
低热硅酸盐水泥的制备及应用

100 ARTISANS AND 100 TECHNIQUES SERIES

**徐成东工作法**
肉眼秒判奥斯麦特炉渣含铅品位

100 ARTISANS AND 100 TECHNIQUES SERIES

**郑久强工作法**
转炉炼钢炉型的控制与操作

# 优秀技术工人百工百法丛书

## 第二辑 海员建设卷

100 ARTISANS AND 100 TECHNIQUES SERIES

蔡连财工作法

半潜船浮装操作

100 ARTISANS AND 100 TECHNIQUES SERIES

常洪霞工作法

公交安全驾驶与服务

100 ARTISANS AND 100 TECHNIQUES SERIES

陈宇航工作法

大型管道装配

100 ARTISANS AND 100 TECHNIQUES SERIES

陈竹祥工作法

汽车漆膜修补

100 ARTISANS AND 100 TECHNIQUES SERIES

程克辉工作法

常用焊接操作技能

100 ARTISANS AND 100 TECHNIQUES SERIES

勾常春工作法

盾构注浆·"制一运一注"一体化集成系统

100 ARTISANS AND 100 TECHNIQUES SERIES

李燕肇工作法

古建彩画颜料调制及彩画工艺流程

100 ARTISANS AND 100 TECHNIQUES SERIES

廖明工作法

地铁司机应急处置技能培训

100 ARTISANS AND 100 TECHNIQUES SERIES

魏钧工作法

焊接十步操作法

100 ARTISANS AND 100 TECHNIQUES SERIES

吴喜军工作法

桥梁伸缩缝微创技术

100 ARTISANS AND 100 TECHNIQUES SERIES

翟筛红工作法

古建筑冰纹窗制作

100 ARTISANS AND 100 TECHNIQUES SERIES

竺士杰工作法

远控集装箱岸桥操作法

# 优秀技术工人百工百法丛书

## 第三辑 能源化学地质卷

陈可营工作法
海洋油气生产绿色数智化设计与应用

程平工作法
钴基60硬质合金真空水冷堆焊

丁正江工作法
焦家式金矿预测勘查

华伶利工作法
松散地层钻进取心

黄兆亮工作法
航改型燃气轮机蜂窝封严钎焊修复

琚永安工作法
架空地线复合光缆的电动旋切

李辉工作法
用试验电压检测变电站一、二次设备交流回路整体组合工况

李祖锋工作法
抽水蓄能电站控制测量方案优化

刘清工作法
煤矿无人化智能开采控制系统

毛玉泉工作法
贵细中药材鉴别应用

齐名工作法
应用STC单片机

秦钦工作法
矿井安全监控设备辅助安装及故障分析处理

**孙同根**
**工作法**
S Zorb 装置
优化

**王月鹏**
**工作法**
基于绝缘平台的
绝缘杆作业法

**王跃**
**工作法**
滴定分析的
判断与控制

**杨新海**
**工作法**
车载移动测量技术
在实景三维成果
质量检验中的应用

**杨义兴**
**工作法**
油田修井现场
清洁生产
技术应用

**游弋**
**工作法**
煤矿供电系统
防晃电
设计与应用

**余姝**
**工作法**
高陡峡谷区
地质灾害调勘查

# 优秀技术工人百工百法丛书

## 第四辑 国防邮电卷

100 ARTISANS AND 100 TECHNIQUES SERIES

**高凤林工作法**

钢/铝异种金属软钎焊制造

100 ARTISANS AND 100 TECHNIQUES SERIES

**曹彦生工作法**

航天结构件数控铣削加工工艺

100 ARTISANS AND 100 TECHNIQUES SERIES

**陈久友工作法**

轻量化金属构件高性能激光焊接

100 ARTISANS AND 100 TECHNIQUES SERIES

**陈佐佐工作法**

数字化纤芯管理方案

100 ARTISANS AND 100 TECHNIQUES SERIES

**洪家光工作法**

典型产品车削加工

100 ARTISANS AND 100 TECHNIQUES SERIES

**秦世俊工作法**

直升机动部关键件、重要件数控加工

100 ARTISANS AND 100 TECHNIQUES SERIES

**陶安工作法**

高精度、高硬度螺纹环规二次车削及专用夹具

100 ARTISANS AND 100 TECHNIQUES SERIES

**王刚工作法**

高精度铰孔精准控制

100 ARTISANS AND 100 TECHNIQUES SERIES

**徐珺工作法**

全光组网安装维护交付

# 优秀技术工人百工百法丛书

## 第五辑　财贸轻纺烟草卷